머리가 좋아지는 두뇌트레이닝북

수학퍼즐

짱아찌 지음

단한권의책

머리가 좋아지는 두뇌트레이닝북

수학퍼즐

1판 1쇄 | 2019년 7월 31일

지은이 | 짱아찌
펴낸이 | 장재열
펴낸곳 | 단한권의책
출판등록 | 제25100-2017-000072호(2012년 9월 14일)
주소 | 서울시 은평구 서오릉로 20길 10-6
전화 | 010-2543-5342 **팩스** | 070-4850-8021
이메일 | jjy5342@naver.com **블로그** | http://blog.naver.com/only1book

ISBN 978-89-98697-65-5 13410
값 | 8,900원

차례

사칙연산의 순서

왼쪽에서 오른쪽으로 풀어나가되 곱셈, 나눗셈을 먼저 하라

사칙연산, 즉 덧셈, 뺄셈, 곱셈, 나눗셈이 섞여 있는 식을 계산할 때 우선순위가 있다.
수식의 계산은 왼쪽에서 오른쪽으로 차례대로 하되, 괄호를 우선으로 하고
곱셈과 나눗셈을 덧셈과 뺄셈보다 먼저 계산한다.
111+1×2의 경우 곱셈을 먼저 하니까
1×2=2를 구한 다음, 111에 그 결과를 더해 113이 된다.
단순히 연산의 우선순위 없이 차례대로 계산한다면,
111+1=112를 먼저 구하고, 그 결과에 다시 2를 곱하여 224가 된다.
연산의 우선순위가 달라지면 계산 결과도 달라진다.
"왜 곱셈을 덧셈보다 먼저 하는가?"라고 묻는다면
답은 뻔하다. 규칙이 그러니까.

사칙연산의 방법

모든 언어에 표기법과 문법이 있듯 수학도 수학만의 언어적인 법칙이 있다.
수학의 가장 기본은 사칙연산이다. 사칙연산을 통해서 쓰고 이해할 수 있도록
규칙을 정하고, 그 순서로 풀어서 해답을 구하는 것이 수학이라고 할 수 있다.

1. 왼쪽부터 ×, ÷를 먼저 계산한다.
2. 그 다음에 +, −를 한다. 이것도 물론 왼쪽부터이다.
3. 또한 괄호는 아래 순서로 풀어야 올바른 정답을 추론할 수 있다.
( ) → { } → [ ] 순으로 풀어야 한다.

아래의 사칙연산을 풀어서 정답을 구하세요.

1 $(1 + 10) \times 10 \div 5 =$

2 $((2 \times 10) \div 4) \div 5 =$

3 $1 \times 5 \times 0.6 =$

4 $(10 \div 10) \times (10 \times 5) =$

5 $5 \times 11 \div 5 =$

6 $(200 + 10) \div 7 =$

7 $(100 \times 10 + 100 \times 10) \div 2 =$

8 $100 + 400 + 500 + 8 - 4 =$

9 $11 \times 11 - 21 =$

10 $(12 \times 11 + 18) \div 0.1 =$

[정답] 1. 22 2. 1 3. 3 4. 50 5. 11 6. 30 7. 1000 8. 1004 9. 100 10. 1500

step
1

[예시 문제]

빈칸에 들어갈 사칙연산 기호나 숫자를 채우세요.

3		2	=	6
+		+		
3			=	4
=		=		=
6	÷		=	2

[문제 풀이 방법]

다음과 같이 화살표 방향을 따라 순서대로 문제를 푼다.

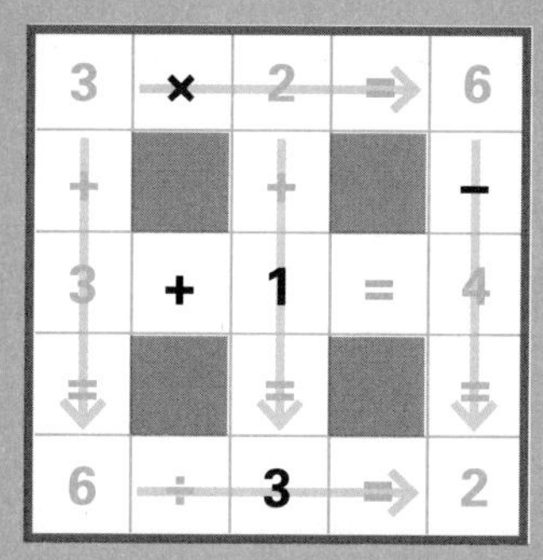

빈칸에 들어갈 사칙연산 기호나 숫자를 채우세요.

3		3	=	9
	■	+	■	
3			=	9
=	■	=	■	=
6	÷		=	1

암산 노트

빈칸에 들어갈 사칙연산 기호나 숫자를 채우세요.

	×	1	=	1
+	■		■	÷
	÷	3	=	
=	■	=	■	=
4		4	=	1

암산 노트

빈칸에 들어갈 사칙연산 기호나 숫자를 채우세요.

	+	3	=	7
+		×		
	×		=	2
=		=		=
6		3	=	9

암산 노트

빈칸에 들어갈 사칙연산 기호나 숫자를 채우세요.

2	×		=	4
	■		■	+
3			=	
=	■	=	■	=
5		3	=	8

암산 노트

빈칸에 들어갈 사칙연산 기호나 숫자를 채우세요.

	+	4	=	9
−				×
	×	1	=	
=		=		=
4			=	9

암산 노트

빈칸에 들어갈 사칙연산 기호나 숫자를 채우세요.

	+		=	6
+		+		
2	×		=	4
=		=		=
5		5	=	10

암산 노트

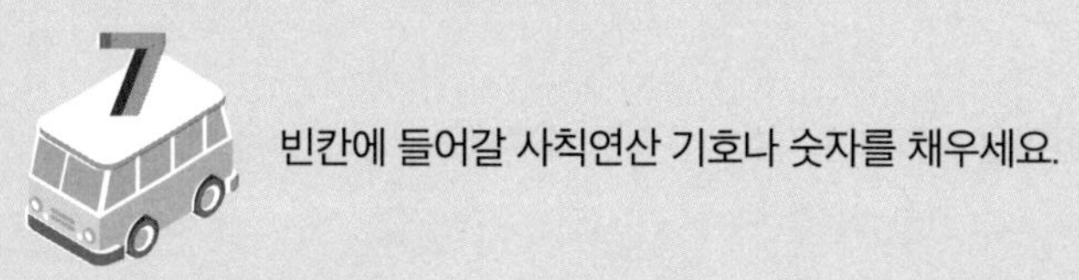

빈칸에 들어갈 사칙연산 기호나 숫자를 채우세요.

	−		=	5
+	■	×	■	
2	+		=	5
=	■	=	■	=
10	−	9	=	

암산 노트

빈칸에 들어갈 사칙연산 기호나 숫자를 채우세요.

4	+		=	8
	■		■	
4		3	=	1
=	■	=	■	=
	−	7	=	9

암산 노트

빈칸에 들어갈 사칙연산 기호나 숫자를 채우세요.

7			=	11
2	÷		=	
=		=		=
14			=	12

암산 노트

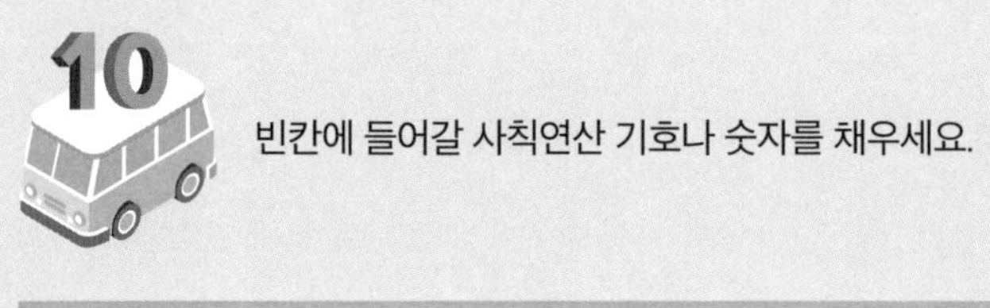

빈칸에 들어갈 사칙연산 기호나 숫자를 채우세요.

11		11	=	22
	■		■	
	+	2	=	
=	■	=	■	=
15		13	=	28

암산 노트

빈칸에 들어갈 사칙연산 기호나 숫자를 채우세요.

33			=	22
	■	−	■	×
			=	1
=	■	=	■	=
30	−		=	22

암산 노트

빈칸에 들어갈 사칙연산 기호나 숫자를 채우세요.

12	+	12	=	
	■		■	
	+		=	8
=	■	=	■	=
17			=	

암산 노트

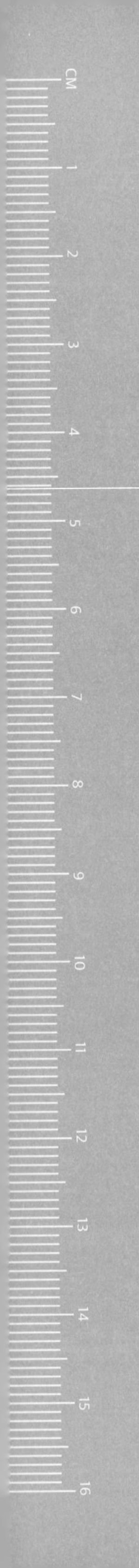

2
step

[예시 문제]
빈칸에 들어갈 사칙연산 기호나 숫자를 채우세요.

1	+		=	2
+		×		+
	−	1	=	1
=		=		=
3	×	1	=	
				+
1	+	1	=	2
=		=		=
3		2	=	5

[문제 풀이 방법]
다음과 같이 화살표 방향을 따라 순서대로 문제를 푼다.

1	+	**1**	=	2
+		×		+
2	−	1	=	1
=		=		=
3	×	1	=	**3**
×				+
1	+	1	=	2
=		=		=
3	**+**	2	=	5

빈칸에 들어갈 사칙연산 기호나 숫자를 채우세요.

1	×	1	=	1
		3	=	
=		=		=
2			=	5
+				
			=	
=		=		=
4	+		=	8

빈칸에 들어갈 사칙연산 기호나 숫자를 채우세요.

5		5	=	10
		×		+
	×		=	
=		=		=
15			=	20
		×		+
5			=	
=		=		=
20	+	10	=	

2 단계

빈칸에 들어갈 사칙연산 기호나 숫자를 채우세요.

		7	=	14
×				
			=	49
=		=		=
49	+		=	63
			=	
=		=		=
60	+		=	77

빈칸에 들어갈 사칙연산 기호나 숫자를 채우세요.

	×		=	16
×				
5	×		=	20
=		=		=
	+		=	36
				+
	÷		=	
=		=		=
24			=	38

빈칸에 들어갈 사칙연산 기호나 숫자를 채우세요.

8		2	=	10
8			=	
=		=		=
16	×		=	16
		×		+
			=	11
=		=		=
32			=	27

빈칸에 들어갈 사칙연산 기호나 숫자를 채우세요.

9		3	=	12
				+
5			=	2
=		=		=
	×	1	=	14
				×
			=	
=		=		=
56	÷		=	14

빈칸에 들어갈 사칙연산 기호나 숫자를 채우세요.

7			=	17
8			=	
=		=		=
15			=	30
				+
	×		=	
=		=		=
30	+		=	70

빈칸에 들어갈 사칙연산 기호나 숫자를 채우세요.

	+		=	16
		+		+
3			=	
=		=		=
39			=	31
				×
			=	2
=		=		=
49			=	

2 단계

빈칸에 들어갈 사칙연산 기호나 숫자를 채우세요.

11	+		=	22
	×		=	
=		=		=
33			=	44
+				×
			=	
=		=		=
37		7	=	44

빈칸에 들어갈 사칙연산 기호나 숫자를 채우세요.

14			=	18
+				
18	−		=	4
=		=		=
32	−		=	14
×				
	×		=	
=		=		=
32			=	1

step

[예시 문제]

빈칸에 들어갈 사칙연산 기호나 숫자를 채우세요.

3	+		=	6	×	1	=	6
−		×		−		×		
2								2
=		=		=		=		=
1	×	3	=	3	+	1	=	4
				+				−
1		1				3		
=		=		=		=		=
2		2	=	4		4	=	1

[문제 풀이 방법]

다음과 같이 화살표 방향을 따라 순서대로 문제를 푼다.

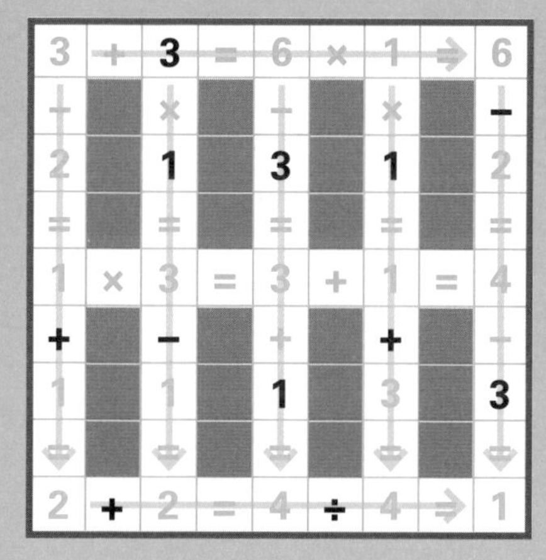

빈칸에 들어갈 사칙연산 기호나 숫자를 채우세요.

5	+		=	9			=	6
−				×		+		−
=		=		=		=		=
3	×	3	=		÷	9	=	1
+		+		÷		−		×
=		=		=		=		=
9			=	3	÷		=	1

암산 노트

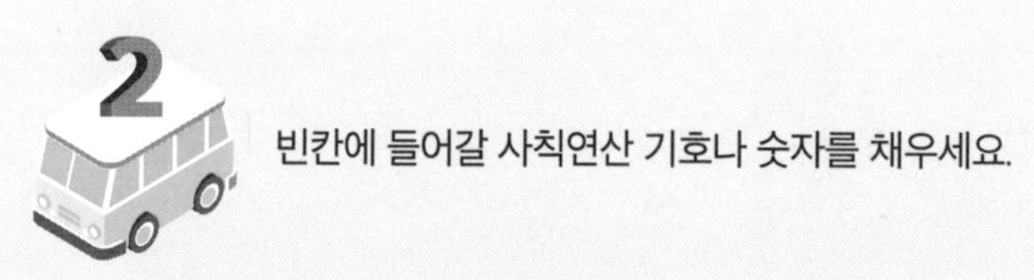

빈칸에 들어갈 사칙연산 기호나 숫자를 채우세요.

		4	=	9	×		=	9
−						+		−
2								1
=		=		=		=		=
3	+	3	=		+	2	=	8
+		×		−				
=		=		=		=		=
9	÷		=	1	×		=	3

암산 노트

빈칸에 들어갈 사칙연산 기호나 숫자를 채우세요.

	+		=	3			=	7
×				×		×		÷
1						1		
=		=		=		=		=
1		3	=	3			=	7
×		×		+		+		
=		=		=		=		=
2			=	14		8	=	22

암산 노트

빈칸에 들어갈 사칙연산 기호나 숫자를 채우세요.

10	÷		=	100	÷		=	10
+		+						
=		=		=		=		=
20			=	21	+	21	=	42
×		+		×		×		+
=		=		=		=		=
40			=	42			=	84

암산 노트

빈칸에 들어갈 사칙연산 기호나 숫자를 채우세요.

	×		=	64			=	68
		+				+		
4		12						
=		=		=		=		=
32	+	20	=			18	=	70
+		+						
=		=		=		=		=
64			=	24	–		=	0

암산 노트

빈칸에 들어갈 사칙연산 기호나 숫자를 채우세요.

3		3	=	9			=	18
×						×		
						10		
=		=		=		=		=
12	+		=	19	+		=	109
		×		×				
=		=		=		=		=
46			=	95			=	108

암산 노트

빈칸에 들어갈 사칙연산 기호나 숫자를 채우세요.

11	+		=		×	11	=	242
+		+		×		+		
=		=		=		=		=
	+	22	=	44			=	200
+		×		÷				
22				44				
=		=		=		=		=
44			=	1			=	89

암산 노트

빈칸에 들어갈 사칙연산 기호나 숫자를 채우세요.

4			=	15			=	20
×		+				+		
=		=		=		=		=
32	−		=	12			=	22
		×		÷		×		÷
=		=		=		=		=
43			=	3	−		=	2

암산 노트

빈칸에 들어갈 사칙연산 기호나 숫자를 채우세요.

5		5	=		+	5	=	30
+		×				+		×
=		=		=		=		=
10			=	20	+		=	30
+		+		+				÷
						4		
=		=		=		=		=
30	+		=	50			=	300

암산 노트

빈칸에 들어갈 사칙연산 기호나 숫자를 채우세요.

77	×		=		−		=	500
+				−				
				454				
=		=		=		=		=
80			=	85			=	135
		+						×
=		=		=		=		=
90	+		=	100			=	135

암산 노트

4
step

[예시 문제]

빈칸에 들어갈 숫자를 채우세요.

4	×	2	−	3	+	5	−	5	+	1	=	
												+
												2
												+
	−	5	+	2	+	5	=					3
=								+				−
3					=	69		3				2
+				+				=				−
1					=	55	+					5
+												−
11												1
÷												=
	=	9	+	90	−	3	×	30	+	10	+	

[문제 풀이 방법]

다음과 같이 사칙연산의 법칙에 따라 화살표 방향으로 문제를 푼다.

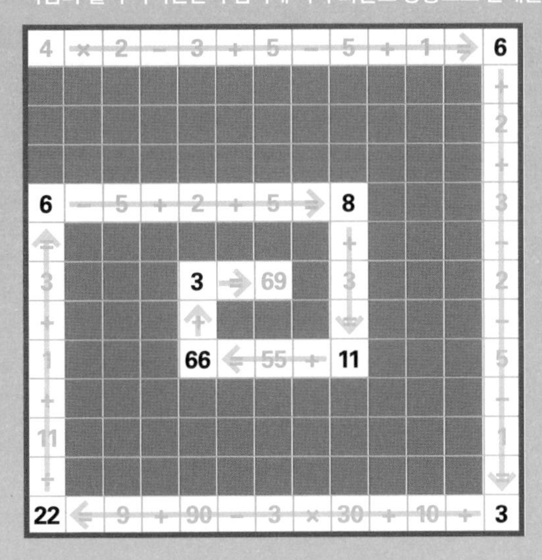

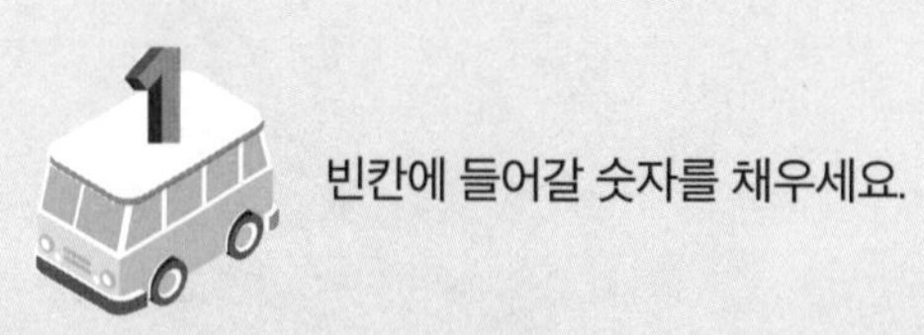

빈칸에 들어갈 숫자를 채우세요.

9	×	6	+	54	+	1	+	55	−	15	=	
												−
												20
												+
	−	11	+	80	×	0.8	=					50
=								−				+
1					=	184		13				49
+				+				=				−
90					=	4	+					99
−												−
16												1
+												=
	=	73	+	1	−	98	−	99	+	1	+	

암산 노트

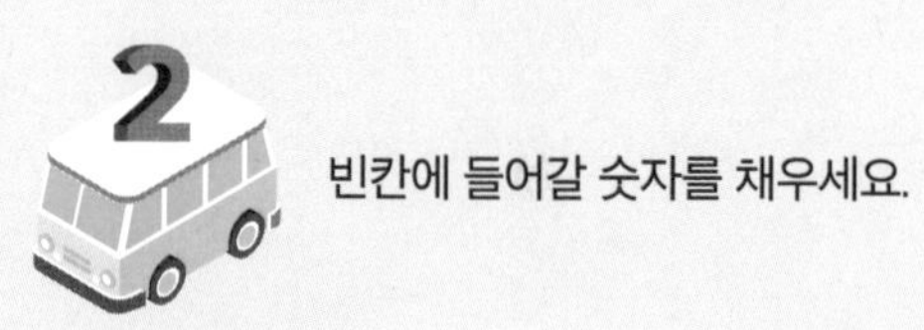

빈칸에 들어갈 숫자를 채우세요.

7	×	6	+	12	+	11	−	53	+	15	=	
												×
												2
												+
	−	11	−	49	−	12	=					34
=								+				−
12					=	101						44
+								=				+
48				11	=		÷	44				78
−												−
6												11
+												=
	=	10	+	70	+	9	−	79	−	12	+	

4 단계

암산 노트

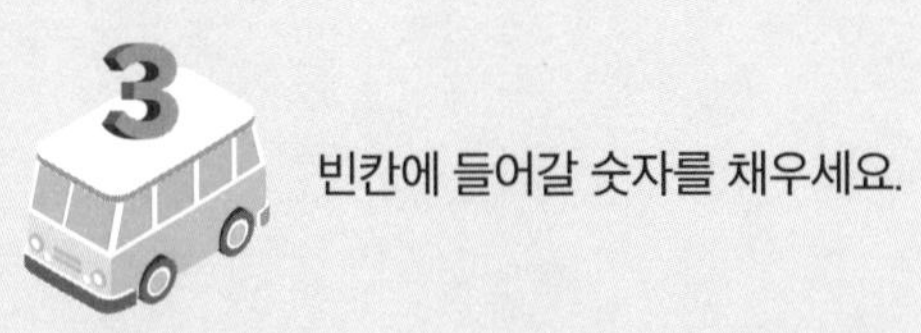

빈칸에 들어갈 숫자를 채우세요.

4	×	5	×	3	+	9	−	29	+	1	=	
												+
												2
												+
	−	6	−	30	+	30	=					15
=								+				+
3					=	69		3				5
+				+				=				−
33				64	=		+					20
+												−
4												2
÷												=
	=	9	−	90	−	3	×	30	+	12	+	

암산 노트

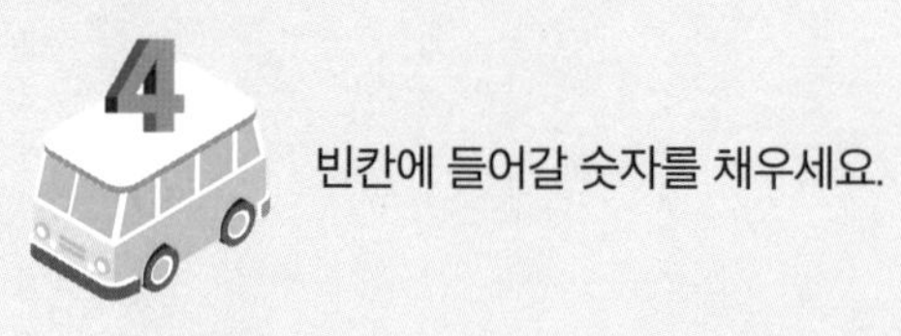

빈칸에 들어갈 숫자를 채우세요.

9	×	8	−	12	−	2	+	70	+	10	=	
												÷
												6
												+
	−	5	−	27	−	27	=					8
=								+				+
6					=	606		6				12
+				−				=				+
24					=	16	+					20
−												+
6												12
×												=
	=	5	÷	35	+	5	+	30	+	5	−	

암산 노트

4 단계

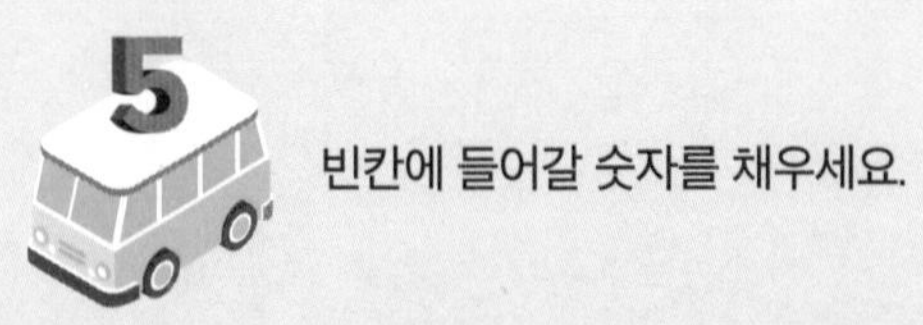

빈칸에 들어갈 숫자를 채우세요.

7	×	7	−	14	+	18	+	32	+	10	=	
												+
												8
												÷
	÷	1	−	99	−	9	=					2
=								÷				−
10				9	=	24						10
×				+				=				−
10					=		+	12				40
+												+
11												8
+												=
	=	0.1	×	90	+	6	+	96	−	2	×	

암산 노트

빈칸에 들어갈 숫자를 채우세요.

6	×	6	+	12	×	6	−	19	+	8	=	
												÷
												0.2
												−
	+	5	−	18	+	2	=					100
=								×				+
2					=	220		2				1
+				+				=				−
39				211	=		÷					99
−												+
6												9
+												=
	=	2	+	31	+	14	+	93	−	3	+	

암산 노트

4
단계

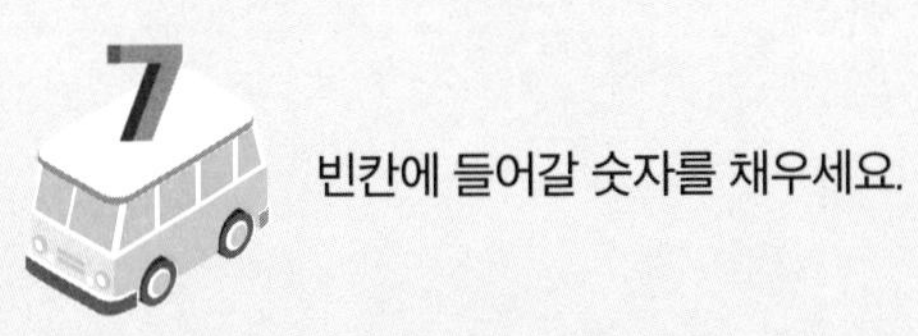

빈칸에 들어갈 숫자를 채우세요.

7	+	8	−	56	+	1	+	57	+	3	=	
												÷
												2
												+
	+	1	×	11	+	6	=					30
=								+				+
0.5					=	26		3				11
+				+				=				−
25				23	=		+					41
−												−
0.5												1
×												=
	=	5	+	17	−	4	−	49	+	9	+	

암산 노트

빈칸에 들어갈 숫자를 채우세요.

5	+	15	+	25	×	2	−	30	+	5	=	
												÷
												9
												×
	×	3	−	54	+	4	=					5
=								÷				×
3					=	99		5				5
÷				+				=				−
15					=	10	+					25
+												+
4												5
−												=
	=	9	+	10	−	9	÷	90	−	60	+	

암산 노트

4
단계

빈칸에 들어갈 숫자를 채우세요.

161	−	97	+	258	−	93	−	165	÷	15	=	
												+
												12
												−
	+	3	−	6	×	3	=					42
=								÷				+
11					=	43		3				25
÷				+				=				−
33					=	3	+					70
−												÷
8												7
+												=
	=	5	×	20	−	14	+	6	−	10	+	

암산 노트

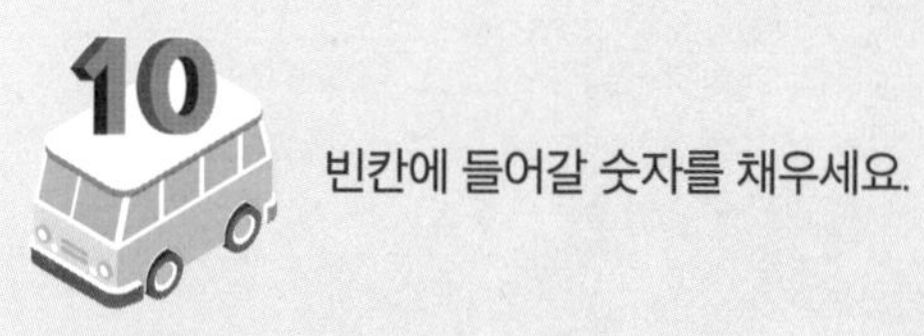

빈칸에 들어갈 숫자를 채우세요.

8	×	8	+	16	+	8	−	24	÷	12	=	
												×
												8
												÷
	+	11	−	61	+	5	=					16
=								−				×
11					=	21		13				4
+				+				=				−
39					=	0.5	×					64
−												+
4												8
×												=
	=	5	×	7	−	10	÷	70	+	2	÷	

암산 노트

step
5

[예시 문제]

빈칸에 빠진 숫자를 넣어서 등식을 완성하세요.

2	+	2	+	10	×	1	−	4	+	2	=	
												÷
6	+	1	+	22	÷	2	−	8	=			6
										+		+
40	×	5	+	5	×	10	=			11		2
								×		−		+
12	×	2	+	10	=			0.1		1		44
						−		+		−		−
						28		5		10		8
						+		+		÷		−
						9		2		5		10
						=		=		=		=
						①		②		③		④

①+②+③+④를 모두 더한 값은?

[문제 풀이 방법]

화살표 방향을 따라 사칙연산에 맞게 문제를 푼다.

가로, 세로 방향으로 빈칸을 채우며 합계를 구한다.

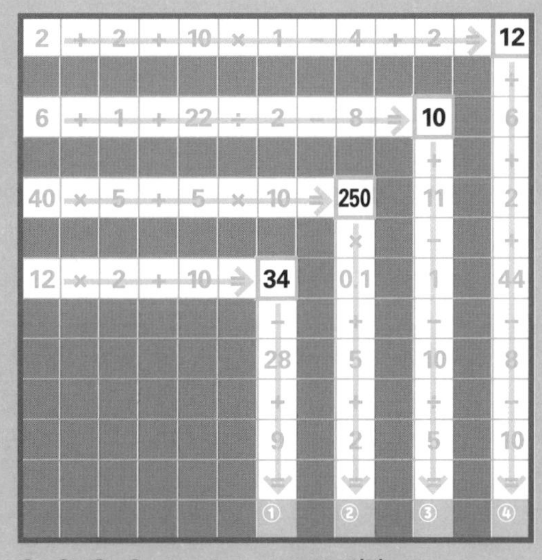

2	+	2	+	10	×	1	−	4	+	2		12
												+
6	+	1	+	22	÷	2	−	8		10		6
										+		+
40	×	5	+	5	×	10		250		11		2
								×		−		+
12	×	2	+	10		34		0.1		1		44
						−		+		−		−
						28		5		10		8
						+		+		÷		−
						9		2		5		10
						①		②		③		④

①+②+③+④=15+32+2+30=79 정답 : 79

빈칸에 빠진 숫자를 넣어서 등식을 완성하세요.

5	+	6	+	30	×	1	−	31	+	14	=	
												÷
11	+	7	+	22	÷	2	−	20	=			6
										+		+
4	×	5	+	9	×	10	=			31		58
								×		−		+
13	×	2	+	15	=			0.1		18		44
						−		+		−		−
						28		9		33		53
						+		+		÷		−
						9		11		3		11
						=		=		=		=
						①		②		③		④

①+②+③+④를 모두 더한 값은?

암산 노트

빈칸에 빠진 숫자를 넣어서 등식을 완성하세요.

2	×	4	+	8	×	3	−	24	÷	3	=	
												×
10	×	10	÷	20	+	2	+	18	=			2
										+		−
3	×	3	+	9	÷	0.1	=			90		70
								−		÷		+
56	÷	4	+	14	=			56		9		19
						+		+		−		+
						24		34		10		89
						−		+		+		−
						18		22		11		12
						=		=		=		=
						①		②		③		④

①+②+③+④를 모두 더한 값은?

암산 노트

빈칸에 빠진 숫자를 넣어서 등식을 완성하세요.

7	×	17	−	49	+	1	+	50	×	0.5	=	
												÷
11	−	1	+	10	−	2	+	8	=			2
										+		+
9	×	4	−	18	÷	9	=			24		23
								+		÷		+
13	×	11	−	13	=			10		4		11
						+		−		−		−
						25		12		6		34
						÷		+		+		+
						5		36		11		11
						=		=		=		=
						①		②		③		④

①+②+③+④를 모두 더한 값은?

암산 노트

빈칸에 빠진 숫자를 넣어서 등식을 완성하세요.

14	×	5	−	20	+	2	−	22	+	8	=	
												−
14	+	5	−	9	+	28	−	18	=			3
										+		+
5	×	4	×	9	÷	2	=			54		27
								+		÷		×
12	×	3	−	6	=			1		3		2
						+		−		+		−
						12		12		58		64
						−		−		−		−
						7		11		8		4
						=		=		=		=
						①		②		③		④

①+②+③+④를 모두 더한 값은?

암산 노트

5 단계

빈칸에 빠진 숫자를 넣어서 등식을 완성하세요.

33	×	8	×	8	÷	12	−	16	+	9	=	
												+
6	×	13	−	18	+	7	−	25	=			3
										+		−
9	×	6	−	3	×	4	=			50		28
								+		−		+
19	×	19	−	81	=			43		4		4
						−		−		−		−
						80		7		39		32
						−		×		÷		+
						140		11		3		5
						=		=		=		=
						①		②		③		④

①+②+③+④를 모두 더한 값은?

암산 노트

빈칸에 빠진 숫자를 넣어서 등식을 완성하세요.

4	×	5	+	9	×	2	−	38	+	8	=	
												×
12	×	12	+	144	×	0.5	−	28	=			9
										−		÷
7	×	10	−	110	÷	10	=			84		3
								×		−		+
9	×	4	÷	6	=			4		14		15
						×		−		+		−
						60		30		70		50
						×		−		−		÷
						0.4		110		55		10
						=		=		=		=
						①		②		③		④

①+②+③+④를 모두 더한 값은?

암산 노트

빈칸에 빠진 숫자를 넣어서 등식을 완성하세요.

11	×	4	−	15	×	2	+	22	+	3	=	
												÷
11	×	14	−	121	−	21	+	100	=			3
										−		−
7	×	8	−	25	−	5	=			10		3
								×		+		×
6	+	9	+	12	=			3		5		3
						+		−		−		+
						15		60		45		9
						×		÷		÷		+
						2		10		3		2
						=		=		=		=
						①		②		③		④

①+②+③+④를 모두 더한 값은?

암산 노트

빈칸에 빠진 숫자를 넣어서 등식을 완성하세요.

36	×	4	−	72	÷	12	−	26	+	9	=	
												÷
10	×	10	−	20	×	2	−	44	=			11
										+		+
6	×	5	+	11	−	7	=			28		45
								−		×		÷
24	×	0.5	×	12	=			11		0.5		5
						÷		+		+		+
						6		66		14		19
						÷		−		×		+
						8		8		3		11
						=		=		=		=
						①		②		③		④

①+②+③+④를 모두 더한 값은?

암산 노트

빈칸에 빠진 숫자를 넣어서 등식을 완성하세요.

37	×	4	−	33	×	3	−	99	÷	9	=	
												+
2	÷	0.2	+	10	×	4	−	30	=			59
										+		−
10	×	10	−	20	+	2	=			31		20
								÷		−		÷
10	×	5	−	15	=			2		11		4
						−		−		−		−
						30		2		20		80
						+		×		×		×
						18		12		0.2		0.8
						=		=		=		=
						①		②		③		④

①+②+③+④를 모두 더한 값은?

암산 노트

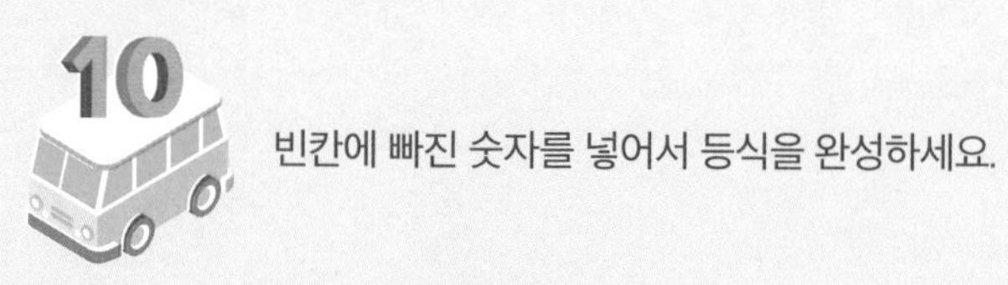

빈칸에 빠진 숫자를 넣어서 등식을 완성하세요.

42	×	3	−	36	+	14	−	50	×	0.2	=	
												+
90	÷	9	×	10	−	11	−	80	=			5
										×		−
15	×	6	÷	30	×	3	=			30		15
								+		÷		+
12	×	12	÷	24	=			33		10		9
						+		−		−		−
						30		66		50		30
						−		÷		÷		×
						15		11		5		2
						=		=		=		=
						①		②		③		④

①+②+③+④를 모두 더한 값은?

암산 노트

5
단계

step
6

[예시 문제]

빈칸에 빠진 숫자를 넣어서 등식을 완성하세요.

11	×	11	−	21				10	−	10	×	1
				−				÷				
				75				2				
				=				=				
				②	÷	③	=	④				
				−				÷				
				10				1				
				+				×				
①	=	10	−	15				5	+	5	=	⑤

①+②+③+④+⑤를 모두 더한 값은?

[문제 풀이 방법]

화살표 방향을 따라 빈칸에 정답을 구한 뒤 ①+②+③+④+⑤의 합계를 구한다.
(반드시 사칙연산의 법칙에 따라 문제를 푼다.)

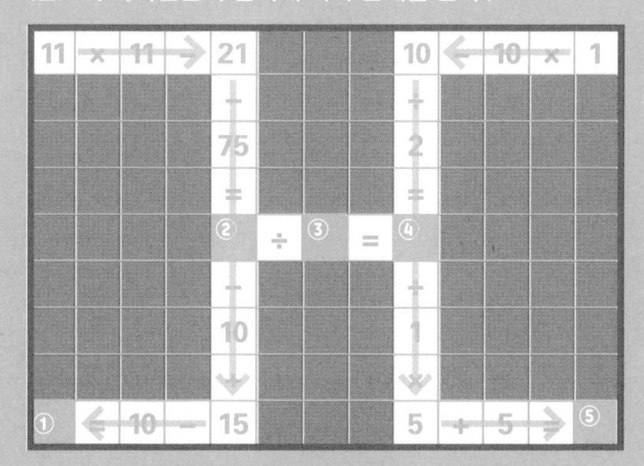

①+②+③+④+⑤=20+25+5+5+30=85　정답 : 85

빈칸에 빠진 숫자를 넣어서 등식을 완성하세요.

11	×	11	−	22				10	−	10	×	4
				−				×				
				74				2				
				=				=				
				②	−	③	=	④				
				−				÷				
				10				4				
				+				×				
①	=	8	−	15				5	+	5	=	⑤

①+②+③+④+⑤를 모두 더한 값은?

암산 노트

빈칸에 빠진 숫자를 넣어서 등식을 완성하세요.

3	×	3	+	16				6	+	2	×	17
				−				÷				
				5				1				
				=				=				
				②	×	③	=	④				
				×				+				
				2				30				
				+				−				
①	=	11	−	40				50	÷	2	=	⑤

①+②+③+④+⑤를 모두 더한 값은?

암산 노트

G 단계

빈칸에 빠진 숫자를 넣어서 등식을 완성하세요.

15	×	15	÷	5				8	÷	16	×	26
				−				−				
				3				22				
				=				=				
				②	−	③	=	④				
				×				+				
				0.5				3				
				+				×				
①	=	11	+	21				33	−	53	=	⑤

①+②+③+④+⑤를 모두 더한 값은?

암산 노트

빈칸에 빠진 숫자를 넣어서 등식을 완성하세요.

7	×	3	+	3				1.2	×	5	×	5
				×				+				
				3				6				
				=				=				
				②	×	③	=	④				
				×				+				
				2				4				
				×				−				
①	=	14	+	0.6				120	÷	4	=	⑤

①+②+③+④+⑤를 모두 더한 값은?

암산 노트

빈칸에 빠진 숫자를 넣어서 등식을 완성하세요.

11	×	11	−	11				27	−	3	×	19
				−				+				
				80				3				
				=				=				
				②	+	③	=	④				
				×				×				
				5				2				
				÷				÷				
①	=	5	−	3				6	−	5	=	⑤

①+②+③+④+⑤를 모두 더한 값은?

암산 노트

빈칸에 빠진 숫자를 넣어서 등식을 완성하세요.

17	×	7	−	19				31	+	17	+	14
				−				+				
				91				19				
				=				=				
				②	×	③	=	④				
				×				×				
				3				2				
				×				−				
①	=	3	÷	7				12	−	50	=	⑤

6 단계

①+②+③+④+⑤를 모두 더한 값은?

암산 노트

빈칸에 빠진 숫자를 넣어서 등식을 완성하세요.

12	×	2	+	40				22	+	12	+	6
				−				−				
				20				18				
				=				=				
				②	÷	③	=	④				
				÷				×				
				4				12				
				+				÷				
①	=	1	×	11				22	×	6	=	⑤

①+②+③+④+⑤를 모두 더한 값은?

암산 노트

빈칸에 빠진 숫자를 넣어서 등식을 완성하세요.

82	÷	2	+	11				10	−	15	×	4
				−				×				
				13				3				
				=				=				
				②	−	③	=	④				
				÷				+				
				13				10				
				×				−				
①	=	4	×	3				40	×	0.3	=	⑤

①+②+③+④+⑤를 모두 더한 값은?

암산 노트

빈칸에 빠진 숫자를 넣어서 등식을 완성하세요.

5	+	5	+	25				12	÷	6	×	6
				×				+				
				1.6				17				
				=				=				
				②	×	③	=	④				
				+				×				
				5				4				
				−				−				
①	=	11	÷	55				24	×	2	=	⑤

①+②+③+④+⑤를 모두 더한 값은?

암산 노트

빈칸에 빠진 숫자를 넣어서 등식을 완성하세요.

27	×	27	÷	9				50	÷	20	×	30
				−				+				
				41				33				
				=				=				
				②	+	③	=	④				
				+				×				
				12				2				
				−				×				
①	=	20	+	42				90	÷	100	=	⑤

①+②+③+④+⑤를 모두 더한 값은?

암산 노트

step
7

[예시 문제] 빈칸에 빠진 숫자를 넣어서 등식을 완성하세요.

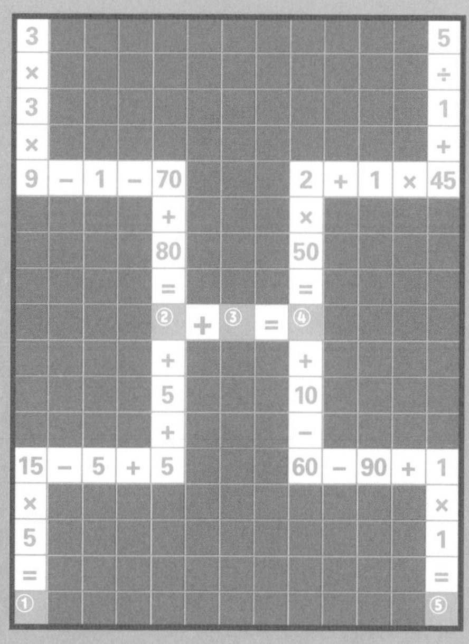

①+②+③+④+⑤를 모두 더한 값은?

[문제 풀이 방법]

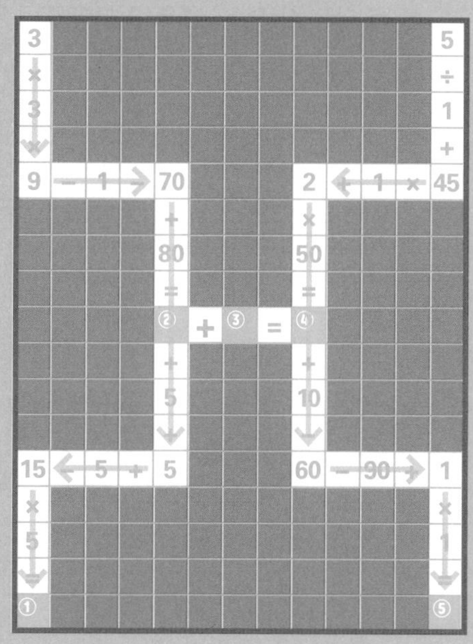

사칙연산의 법칙에 맞게 화살표 방향으로 계산하여
빈칸에 정답을 구하고, ①+②+③+④+⑤의 합계를 구한다.

①+②+③+④+⑤=30+90+60+150+11=341

빈칸에 빠진 숫자를 넣어서 등식을 완성하세요.

3												5
×												÷
3												0.1
×												+
9	−	1	−	8				21	−	0.1	×	50
				×				×				
				9				2				
				=				=				
				②	+	③	=	④				
				+				+				
				8				108				
				+				+				
6	−	13	+	16				11	−	120	+	1
×												×
6												1
=												=
①												⑤

①+②+③+④+⑤를 모두 더한 값은?

빈칸에 빠진 숫자를 넣어서 등식을 완성하세요.

4												10
×												÷
4												0.2
÷												+
8	+	5	+	13				55	−	5	+	50
				−				−				
				10				30				
				=				=				
				②	×	③	=	④				
				+				÷				
				10				2				
				+				+				
18	×	2	−	20				22	+	3	+	25
+												÷
32												5
=												=
①												⑤

①+②+③+④+⑤를 모두 더한 값은?

7 단계

빈칸에 빠진 숫자를 넣어서 등식을 완성하세요.

16												10
×												×
5												10
−												÷
11	×	3	−	33				22	+	2	×	20
				+				+				
				22				10				
				=				=				
				②	+	③	=	④				
				×				×				
				2				0.5				
				−				×				
60	−	20	−	12				21	÷	0.5	−	800
÷												+
2												18
=												=
①												⑤

①+②+③+④+⑤를 모두 더한 값은?

빈칸에 빠진 숫자를 넣어서 등식을 완성하세요.

17												9
×												×
7												9
−												÷
24	×	2	−	58				1	×	2	×	3
				+				−				
				37				9				
				=				=				
				②	−	③	=	④				
				×				÷				
				5				9				
				−				×				
53	−	20	−	55				5	×	5	−	10
−												×
63												1.5
=												=
①												⑤

①+②+③+④+⑤를 모두 더한 값은?

7
단계

빈칸에 빠진 숫자를 넣어서 등식을 완성하세요.

5												5
×												×
5												5
+												+
25	×	3	−	10				5	−	10	×	10
				×				×				
				3				5				
				=				=				
				②	÷	③	=	④				
				×				÷				
				7				10				
				÷				×				
21	−	11	+	5				90	×	0.3	÷	27
−												×
8												5.4
=												=
①												⑤

①+②+③+④+⑤를 모두 더한 값은?

빈칸에 빠진 숫자를 넣어서 등식을 완성하세요.

15												5
×												×
4												2
−												×
9	+	27	−	36				5	+	5	÷	10
				+				×				
				7				3				
				=				=				
				②	−	③	=	④				
				×				+				
				6				7				
				−				+				
11	−	110	−	55				12	×	12	−	34
×												×
7												4
=												=
①												⑤

①+②+③+④+⑤를 모두 더한 값은?

7
단계

빈칸에 빠진 숫자를 넣어서 등식을 완성하세요.

11												3
×												×
15												4
−												×
55	+	10	−	65				16	−	3	÷	8
				+				+				
				17				8				
				=				=				
				②	÷	③	=	④				
				÷				×				
				12				2				
				×				+				
9	−	6	+	6				48	÷	4	+	12
×												×
2												7
=												=
①												⑤

①+②+③+④+⑤를 모두 더한 값은?

빈칸에 빠진 숫자를 넣어서 등식을 완성하세요.

15												3
×												×
5												6
×												×
3	−	5	×	31				31	+	12	÷	8
				−				+				
				17				18				
				=				=				
				②	+	③	=	④				
				+				×				
				16				12				
				−				÷				
60	+	1	+	59				6	−	72	−	50
×												×
0.6												0.5
=												=
①												⑤

①+②+③+④+⑤를 모두 더한 값은?

빈칸에 빠진 숫자를 넣어서 등식을 완성하세요.

9												17
×												+
11												17
−												−
10	×	5	−	16				30	+	4	−	4
				÷				−				
				4				47				
				=				=				
				②	×	③	=	④				
				×				×				
				5				9				
				−				×				
55	−	5	+	50				18	×	0.5	−	790
÷												×
11												0.9
=												=
①												⑤

①+②+③+④+⑤를 모두 더한 값은?

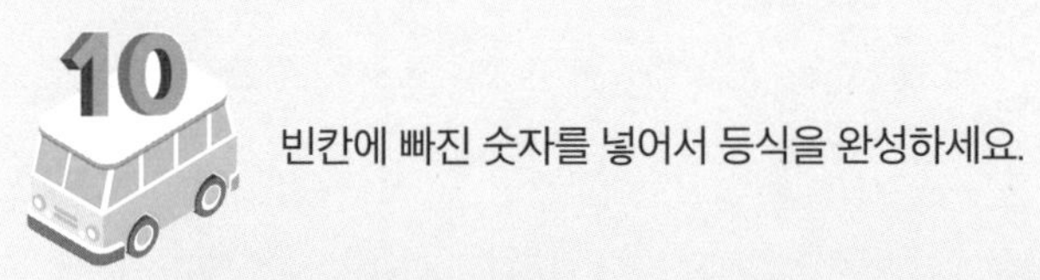

빈칸에 빠진 숫자를 넣어서 등식을 완성하세요.

8												9
×												×
3												11
+												−
16	×	3	−	4				3	+	6	×	10
				×				×				
				3				9				
				=				=				
				②	+	③	=	④				
				×				+				
				6				9				
				−				−				
13	−	22	÷	66				7	−	5	−	70
×												÷
3												7
=												=
①												⑤

①+②+③+④+⑤를 모두 더한 값은?

7 단계

8
step

[예시 문제]

빈칸에 숫자를 넣어서 등식을 완성하세요.
(빈칸 안에는 1~9까지의 숫자가 들어가며
반복되어서 들어갈 수 없습니다.)

1	+		+	6	=	10
+		+		+		
	+	4	+		=	13
+		+		+		
9	+		+	8	=	22
=		=		=		
12		12		21		

[문제 풀이 방법]

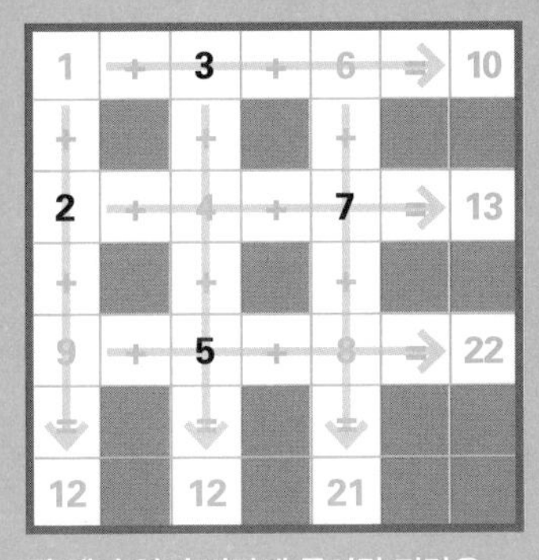

각 행과 열의 빈칸에 들어갈 정답을
사칙연산의 법칙에 맞게
화살표 방향을 따라 계산하며 구한다.

빈칸에 숫자를 넣어서 등식을 완성하세요.

(빈칸 안에는 1~9까지의 숫자가 들어가며 반복되어서 들어갈 수 없습니다.)

	+		+		=	10
+		+		+		
	+	4	+		=	13
+		+		+		
	+	5	+		=	22
=		=		=		
12		12		21		

암산 노트

빈칸에 숫자를 넣어서 등식을 완성하세요.

(빈칸 안에는 1~9까지의 숫자가 들어가며 반복되어서 들어갈 수 없습니다.)

	+		+		=	6
+		+		+		
	+		+	9	=	24
+		+		+		
4	+	5	+		=	15
=		=		=		
12		15		18		

암산 노트

빈칸에 숫자를 넣어서 등식을 완성하세요.

(빈칸 안에는 1~9까지의 숫자가 들어가며 반복되어서 들어갈 수 없습니다.)

	+	4	+		=	9
+		+		+		
	+		+	8	=	18
+		+		+		
5	+		+		=	18
=		=		=		
16		11		18		

암산 노트

빈칸에 숫자를 넣어서 등식을 완성하세요.

(빈칸 안에는 1~9까지의 숫자가 들어가며 반복되어서 들어갈 수 없습니다.)

9	+		+	8	=	24
+		+		+		
	+		+		=	14
+		+		+		
	+	2	+		=	7
=		=		=		
16		14		15		

암산 노트

빈칸에 숫자를 넣어서 등식을 완성하세요.
(빈칸 안에는 1~9까지의 숫자가 들어가며 반복되어서 들어갈 수 없습니다.)

8	+		+		=	13
+		+		+		
	+		+		=	18
+		+		+		
	+	3	+		=	14
=		=		=		
21		16		8		

암산 노트

빈칸에 숫자를 넣어서 등식을 완성하세요.
(빈칸 안에는 1~9까지의 숫자가 들어가며 반복되어서 들어갈 수 없습니다.)

7	+		+	4	=	16
+		+		+		
	+		+		=	14
+		+		+		
	+		+	8	=	15
=		=		=		
16		8		21		

8 단계

암산 노트

빈칸에 숫자를 넣어서 등식을 완성하세요.

(빈칸 안에는 1~9까지의 숫자가 들어가며 반복되어서 들어갈 수 없습니다.)

	+		+		=	20
+		+		+		
7	+		+		=	12
+		+		+		
	+		+	8	=	13
=		=		=		
14		11		20		

암산 노트

빈칸에 숫자를 넣어서 등식을 완성하세요.

(빈칸 안에는 1~9까지의 숫자가 들어가며 반복되어서 들어갈 수 없습니다.)

5	+		+		=	15
+	■	+	■	+	■	■
	+		+		=	19
+	■	+	■	+	■	■
	+		+	8	=	11
=	■	=	■	=	■	■
15	■	9	■	21	■	■

암산 노트

빈칸에 숫자를 넣어서 등식을 완성하세요.

(빈칸 안에는 1~9까지의 숫자가 들어가며 반복되어서 들어갈 수 없습니다.)

4	+		+		=	16
+		+		+		
	+	7	+		=	10
+		+		+		
	+		+		=	19
=		=		=		
11		16		18		

암산 노트

빈칸에 숫자를 넣어서 등식을 완성하세요.

(빈칸 안에는 1~9까지의 숫자가 들어가며 반복되어서 들어갈 수 없습니다.)

3	+		+		=	11
+		+		+		
	+		+	8	=	17
+		+		+		
	+	7	+		=	17
=		=		=		
16		14		15		

암산 노트

빈칸에 숫자를 넣어서 등식을 완성하세요.

(빈칸 안에는 1~9까지의 숫자가 들어가며 반복되어서 들어갈 수 없습니다.)

	+		+	7	=	16
+		+		+		
	+		+		=	19
+		+		+		
3	+		+		=	10
=		=		=		
9		14		22		

암산 노트

빈칸에 숫자를 넣어서 등식을 완성하세요.

(빈칸 안에는 1~9까지의 숫자가 들어가며 반복되어서 들어갈 수 없습니다.)

	+	9	+		=	12
+		+		+		
	+		+		=	19
+		+		+		
3	+		+		=	14
=		=		=		
10		19		16		

8
단계

암산 노트

step 9

[예시 문제]

빈칸에 1~9까지의 숫자를 중복되지 않게
넣어 등식을 완성하세요.

1	×		×		=	18
×		×		×		
	×	4	×		=	56
×		+		×		
	×		×	8	=	360
=		=		=		
18		60		336		

[문제 풀이 방법]

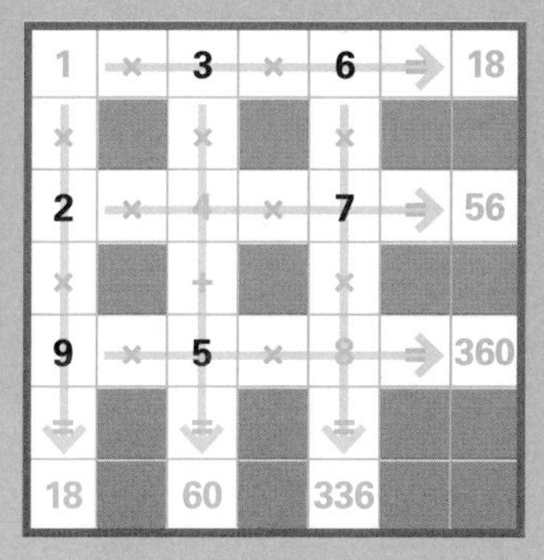

화살표 방향을 따라 각 행과 열의 합계가
나오도록 빈칸에 들어갈 숫자를 구한다.
(반드시 사칙연산의 법칙을 따른다.)

빈칸에 1~9까지의 숫자를 중복되지 않게 넣어 등식을 완성하세요.

1	×		×		=	18
×		×		×		
	×	4	×		=	56
×		×		×		
	×		×	8	=	360
=		=		=		
18		60		336		

암산 노트

빈칸에 1~9까지의 숫자를 중복되지 않게 넣어 등식을 완성하세요.

2	×		×		=	6
×		×		×		
	×	9	×		=	504
×		×		×		
	×		×		=	120
=		=		=		
56		45		144		

암산 노트

빈칸에 1~9까지의 숫자를 중복되지 않게 넣어 등식을 완성하세요.

	×	4	×		=	24
×		×		×		
	×		×	8	=	72
×		×		×		
	×		×		=	210
=		=		=		
90		24		168		

암산 노트

빈칸에 1~9까지의 숫자를 중복되지 않게 넣어 등식을 완성하세요.

	×		×	8	=	504
×		×		×		
	×		×		=	90
×		×		×		
4	×		×		=	8
=		=		=		
108		84		40		

암산 노트

빈칸에 1~9까지의 숫자를 중복되지 않게 넣어 등식을 완성하세요.

	×	4	×		=	32
×		×		×		
	×		×		=	126
×		×		×		
	×		×	3	=	90
=		=		=		
280		216		6		

암산 노트

빈칸에 1~9까지의 숫자를 중복되지 않게 넣어 등식을 완성하세요.

	×		×		=	140
×		×		×		
9	×		×		=	54
×		×		×		
	×		×	8	=	48
=		=		=		
378		10		96		

암산 노트

빈칸에 1~9까지의 숫자를 중복되지 않게 넣어 등식을 완성하세요.

	×		×	9	=	270
×		×		×		
7	×		×		=	42
×		×		×		
	×		×		=	32
=		=		=		
168		15		144		

암산 노트

빈칸에 1~9까지의 숫자를 중복되지 않게 넣어 등식을 완성하세요.

	×		×		=	120
×		×		×		
	×		×	3	=	189
×		×		×		
	×	8	×		=	16
=		=		=		
45		224		36		

암산 노트

빈칸에 1~9까지의 숫자를 중복되지 않게 넣어 등식을 완성하세요.

	×		×	9	=	108
×		×		×		
	×		×		=	14
×		×		×		
6	×		×		=	240
=		=		=		
48		168		45		

암산 노트

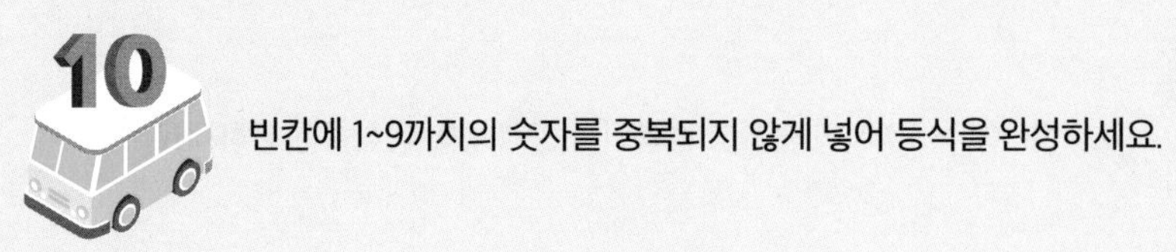

빈칸에 1~9까지의 숫자를 중복되지 않게 넣어 등식을 완성하세요.

3	×		×		=	36
×		×		×		
	×		×		=	160
×		×		×		
	×	7	×		=	63
=		=		=		
216		56		30		

암산 노트

빈칸에 1~9까지의 숫자를 중복되지 않게 넣어 등식을 완성하세요.

	×		×	9	=	180
×		×		×		
	×	8	×		=	112
×		×		×		
	×		×		=	18
=		=		=		
8		120		378		

암산 노트

빈칸에 1~9까지의 숫자를 중복되지 않게 넣어 등식을 완성하세요.

2	×		×		=	18
×		×		×		
	×		×	6	=	240
×		×		×		
	×		×		=	84
=		=		=		
30		56		216		

암산 노트

정답

1단계

1

3	×	3	=	9
+		+		÷
3	×	3	=	9
=		=		=
6	÷	6	=	1

2

1	×	1	=	1
+		+		÷
3	÷	3	=	1
=		=		=
4	÷	4	=	1

3

4	+	3	=	7
+		×		+
2	×	1	=	2
=		=		=
6	+	3	=	9

4

2	×	2	=	4
+		+		+
3	+	1	=	4
=		=		=
5	+	3	=	8

5

5	+	4	=	9
−		+		×
1	×	1	=	1
=		=		=
4	+	5	=	9

6

3	+	3	=	6
+		+		+
2	×	2	=	4
=		=		=
5	+	5	=	10

7

8	−	3	=	5
+		×		÷
2	+	3	−	5
=		=		=
10	−	9	=	1

8

4	+	4	=	8
×		+		+
4	−	3	=	1
=		=		=
16	−	7	=	9

9

7	+	4	=	11
×		÷		+
2	÷	2	=	1
=		=		=
14	−	2	=	12

10

11	+	11	=	22
+		+		+
4	+	2	=	6
=		=		=
15	+	13	=	28

11

33	−	11	=	22
−		−		×
3	÷	3	=	1
=		=		=
30	−	8	=	22

12

12	+	12	=	24
+		+		+
5	+	3	=	8
=		=		=
17	+	15	=	32

2단계

1

1	×	1	=	1
+		×		+
1	+	3	=	4
=		=		=
2	+	3	=	5
+		+		+
2	+	1	=	3
=		=		=
4	+	4	=	8

2

5	+	5	=	10
+		×		+
10	×	1	=	10
=		=		=
15	+	5	=	20
+		×		+
5	×	2	=	10
=		=		=
20	+	10	=	30

3

7	+	7	=	14
×		+		+
7	×	7	=	49
=		=		=
49	+	14	=	63
+		+		+
11	+	3	=	14
=		=		=
60	+	17	=	77

4

4	×	4	=	16
×		×		+
5	×	4	=	20
=		=		=
20	+	16	=	36
+		−		+
4	÷	2	=	2
=		=		=
24	+	14	=	38

2단계

5

8	+	2	=	10
+		÷		+
8	–	2	=	6
=		=		=
16	×	1	=	16
+		×		+
16	–	5	=	11
=		=		=
32	–	5	=	27

6

9	+	3	=	12
+		÷		+
5	–	3	=	2
=		=		=
14	×	1	=	14
×		×		×
4	÷	4	=	1
=		=		=
56	÷	4	=	14

7

7	+	10	=	17
+		÷		+
8	+	5	=	13
=		=		=
15	×	2	=	30
×		×		+
2	×	20	=	40
=		=		=
30	+	40	=	70

8

13	+	3	=	16
×		+		+
3	×	5	=	15
=		=		=
39	–	8	=	31
+		+		×
10	÷	5	=	2
=		=		=
49	+	13	=	62

2 단계

9

11	+	11	=	22
+		×		+
22	×	1	=	22
=		=		=
33	+	11	=	44
+		−		×
4	÷	4	=	1
=		=		=
37	+	7	=	44

10

14	+	4	=	18
+		+		−
18	−	14	=	4
=		=		=
32	−	18	=	14
×		+		÷
1	×	14	=	14
=		=		=
32	÷	32	=	1

3단계

1

5	+	4	=	9	−	3	=	6
−		−		×		+		−
2		1		1		6		5
=		=		=		=		=
3	×	3	=	9	÷	9	=	1
+		+		÷		−		×
6		3		3		6		1
=		=		=		=		=
9	−	6	=	3	÷	3	=	1

2

5	+	4	=	9	×	1	=	9
−		−		−		+		−
2		1		3		1		1
=		=		=		=		=
3	+	3	=	6	+	2	=	8
+		×		−		+		−
6		3		5		1		5
=		=		=		=		=
9	÷	9	=	1	×	3	=	3

3

1	+	2	=	3	+	4	=	7
×		+		×		×		÷
1		1		1		1		1
=		=		=		=		=
1	×	3	=	3	+	4	=	7
×		×		+		+		+
2		4		11		4		15
=		=		=		=		=
2	+	12	=	14	+	8	=	22

4

10	÷	0.1	=	100	÷	10	=	10
+		+		−		+		+
10		0.9		79		11		32
=		=		=		=		=
20	+	1	=	21	+	21	=	42
×		+		×		×		+
2		1		2		2		42
=		=		=		=		=
40	+	2	=	42	+	42	=	84

5

8	×	8	=	64	+	4	=	68
×		+		−		+		+
4		12		12		14		2
=		=		=		=		=
32	+	20	=	52	+	18	=	70
+		+		−		+		−
32		20		28		6		70
=		=		=		=		=
64	−	40	=	24	−	24	=	0

6

3	×	3	=	9	+	9	=	18
×		+		+		×		+
4		4		10		10		91
=		=		=		=		=
12	+	7	=	19	+	90	=	109
+		×		×		−		−
34		7		5		77		1
=		=		=		=		=
46	+	49	=	95	+	13	=	108

7

11	+	11	=	22	×	11	=	242
+		+		×		+		−
11		11		2		145		42
=		=		=		=		=
22	+	22	=	44	+	156	=	200
+		×		÷		−		−
22		2		44		68		111
=		=		=		=		=
44	÷	44	=	1	+	88	=	89

8

4	+	11	=	15	+	5	=	20
×		+		−		+		+
8		9		3		5		2
=		=		=		=		=
32	−	20	=	12	+	10	=	22
+		×		÷		×		÷
11		2		4		0.1		11
=		=		=		=		=
43	−	40	=	3	−	1	=	2

3 단계

9

5	×	5	=	25	+	5	=	30
+		×		−		+		×
5		2		5		5		1
=		=		=		=		=
10	+	10	=	20	+	10	=	30
+		+		+		−		÷
20		10		30		4		0.1
=		=		=		=		=
30	+	20	=	50	×	6	=	300

10

77	×	7	=	539	−	39	=	500
+		−		−		+		−
3		2		454		11		365
=		=		=		=		=
80	+	5	=	85	+	50	=	135
+		+		+		−		×
10		5		15		15		1
=		=		=		=		=
90	+	10	=	100	+	35	=	135

4 단계

1

9	×	6	+	54	+	1	+	55	−	15	=	149
												−
												20
												+
129	−	11	+	80	×	0.8	=	182				50
=								−				+
1				11	=	184		13				49
+				+				=				−
90				173	=	4	+	169				99
−												−
16												1
+												=
202	=	73	+	1	−	98	−	99	+	1	+	128

2

7	×	6	+	12	+	11	−	53	+	15	=	27
												×
												2
												+
85	−	11	−	49	−	12	=	13				34
=								+				−
12				90	=	101		31				44
+				+				=				+
48				11	=	4	÷	44				78
−												−
6												11
+												=
115	=	10	+	70	+	9	−	79	−	12	+	111

3

4	×	5	×	3	+	9	−	29	+	1	=	41
												+
												2
												+
47	−	6	−	30	+	30	=	41				15
=								+				+
3				5	=	69		3				5
+				+				=				−
33				64	=	20	+	44				20
+												−
4												2
÷												=
44	=	9	−	90	−	3	×	30	+	12	+	41

4

9	×	8	−	12	−	2	+	70	+	10	=	138
												÷
												6
												+
654	−	5	−	27	−	27	=	595				8
=								+				+
6				11	=	606		6				12
+				−				=				+
24				617	=	16	+	601				20
−												+
6												12
×												=
112	=	5	÷	35	+	5	+	30	+	5	−	75

5

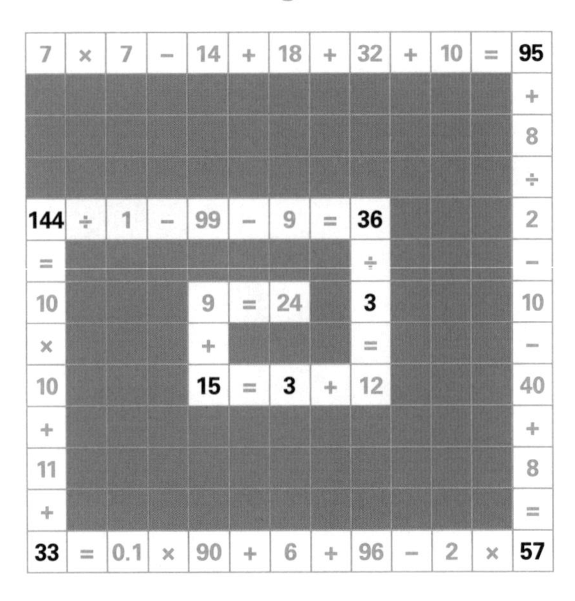

7	×	7	−	14	+	18	+	32	+	10	=	**95**
												+
												8
												÷
144	÷	1	−	99	−	9	=	**36**				2
=								÷				−
10				9	=	24		**3**				10
×				+				=				−
10				**15**	=	**3**	+	12				40
+												+
11												8
+												=
33	=	0.1	×	90	+	6	+	96	−	2	×	**57**

6

6	×	6	+	12	×	6	−	19	+	8	=	**97**
												÷
												0.2
												−
222	+	5	−	18	+	2	=	**211**				100
=								×				+
2				**9**	=	220		2				1
+				+				=				−
39				211	=	**2**	÷	**422**				99
−												+
6												9
+												=
253	=	2	+	31	+	14	+	93	−	3	+	**296**

4단계

7

7	+	8	−	56	+	1	+	57	+	3	=	**20**
												÷
												2
												+
1	+	1	×	11	+	6	=	**18**				30
=								+				+
0.5				**3**	=	26		3				11
+				+				=				−
25				23	=	**2**	+	**21**				41
−												−
0.5												1
×												=
51	=	5	+	17	−	4	−	49	+	9	+	**9**

8

5	+	15	+	25	×	2	−	30	+	5	=	**45**
												÷
												9
												×
155	×	3	−	54	+	4	=	**415**				5
=								÷				×
3				**6**	=	99		5				5
÷				+				=				−
15				**93**	=	10	+	**83**				25
+												+
4												5
−												=
154	=	9	+	10	−	9	÷	90	−	60	+	**105**

9

161	−	97	+	258	−	93	−	165	÷	15	=	**218**
												+
												12
												−
126	+	3	−	6	×	3	=	**111**				42
=								÷				+
11				**3**	=	43		3				25
÷				+				=				−
33				**40**	=	3	+	**37**				70
−												÷
8												7
+												=
121	=	5	×	20	−	14	+	6	−	10	+	**203**

10

8	×	8	+	16	+	8	−	24	÷	12	=	**86**
												×
												8
												÷
92	+	11	−	61	+	5	=	**47**				16
=								−				×
11				**4**	=	21		13				4
+				+				=				−
39				**17**	=	0.5	×	**34**				64
−												+
4												8
×												=
30	=	5	×	7	−	10	÷	70	+	2	÷	**116**

5단계

1

5	+	6	+	30	×	1	−	31	+	14	=	**24**
												÷
11	+	7	+	22	÷	2	−	20	=	**9**		6
										+		+
4	×	5	+	9	×	10	=	**110**		31		58
								×		−		+
13	×	2	+	15	=	**41**		0.1		18		44
						−		+		−		−
						28		9		33		53
						+		+		÷		−
						9		11		3		11
						=		=		=		=
						22		**31**		**11**		**42**

22+31+11+42=106

정답 : **106**

정답

2

2	×	4	+	8	×	3	−	24	÷	3	=	**24**
												×
10	×	10	÷	20	+	2	+	18	=	**25**		2
										+		−
3	×	3	÷	9	÷	0.1	=	**99**		90		70
								−		÷		+
56	÷	4	+	14	=	**28**		56		9		19
						+		+		−		+
						24		34		10		89
						−		+		+		−
						18		22		11		12
						=		=		=		=
						34		**99**		**36**		**74**

34+99+36+74=243

정답 : **243**

5 단계

3

7	×	17	−	49	+	1	+	50	×	0.5	=	**96**
												÷
11	−	1	+	10	−	2	+	8	=	**26**		2
										+		+
9	×	4	−	18	÷	9	=	**34**		24		23
								+		÷		+
13	×	11	−	13	=	**130**		10		4		11
						+		−		−		−
						25		12		6		34
						÷		+		+		+
						5		36		11		11
						=		=		=		=
						135		**68**		**37**		**59**

135+68+37+59=299

정답 : **299**

정답

4

14	×	5	−	20	+	2	−	22	+	8	=	**38**
												−
14	+	5	−	9	+	28	−	18	=	**20**		3
										+		+
5	×	4	×	9	÷	2	=	**90**		54		27
								+		÷		×
12	×	3	−	6	=	**30**		1		3		2
						+		−		+		−
						12		12		58		64
						−		−		−		−
						7		11		8		4
						=		=		=		=
						35		68		88		21

35+68+88+21=212

정답 : **212**

5 단계

5

33	×	8	×	8	÷	12	−	16	+	9	=	**169**
												+
6	×	13	−	18	+	7	−	25	=	**42**		3
										+		−
9	×	6	−	3	×	4	=	**42**		50		28
								+		−		+
19	×	19	−	81	=	**280**		43		4		4
						−		−		−		−
						80		7		39		32
						−		×		÷		+
						140		11		3		5
						=		=		=		=
						60		8		75		121

60+8+75+121=264

정답 : **264**

정답

6

4	×	5	+	9	×	2	−	38	+	8	=	**8**
												×
12	×	12	+	144	×	0.5	−	28	=	**188**		9
										−		÷
7	×	10	−	110	÷	10	=	**59**		84		3
								×		−		+
9	×	4	÷	6	=	**6**		4		14		15
						×		−		+		−
						60		30		70		50
						×		−		−		÷
						0.4		110		55		10
						=		=		=		=
						144		**96**		**105**		**34**

144+96+105+34=379

정답 : **379**

5 단계

7

11	×	4	−	15	×	2	+	22	+	3	=	**39**
												÷
11	×	14	−	121	−	21	+	100	=	**112**		3
										−		−
7	×	8	−	25	−	5	=	**26**		10		3
								×		+		×
6	+	9	+	12	=	**27**		3		5		3
						+		−		−		+
						15		60		45		9
						×		÷		÷		+
						2		10		3		2
						=		=		=		=
						57		**72**		**92**		**15**

57+72+92+15=236

정답 : **236**

정답

8

36	×	4	−	72	÷	12	−	26	+	9	=	121
												÷
10	×	10	−	20	×	2	−	44	=	16		11
										+		+
6	×	5	+	11	−	7	=	34		28		45
								−		×		÷
24	×	0.5	×	12	=	144		11		0.5		5
						÷		+		+		+
						6		66		14		19
						÷		−		×		+
						8		8		3		11
						=		=		=		=
						3		81		72		50

3+81+72+50=206

정답 : **206**

9

37	×	4	−	33	×	3	−	99	÷	9	=	**38**
												+
2	÷	0.2	+	10	×	4	−	30	=	**20**		59
										+		−
10	×	10	−	20	+	2	=	**82**		31		20
								÷		−		÷
10	×	5	−	15	=	**35**		2		11		4
						−		−		−		−
						30		2		20		80
						+		×		×		×
						18		12		0.2		0.8
						=		=		=		=
						23		**17**		**36**		**28**

23+17+36+28=104

정답 : **104**

정답

5단계

10

42	×	3	−	36	+	14	−	50	×	0.2	=	**94**
												+
90	÷	9	×	10	−	11	−	80	=	**9**		5
										×		−
15	×	6	÷	30	×	3	=	**9**		30		15
								+		÷		+
12	×	12	÷	24	=	**6**		33		10		9
						+		−		−		−
						30		66		50		30
						−		÷		÷		×
						15		11		5		2
						=		=		=		=
						21		**36**		**17**		**33**

21+36+17+33=107

정답 : **107**

6 단계

1

11	×	11	−	22				10	−	10	×	4
				−				×				
				74				2				
				=				=				
				25	−	**5**	=	**20**				
				−				÷				
				10				4				
				+				×				
22	=	8	−	15				5	+	5	=	**30**

22+25+5+20+30=102

정답 : **102**

2

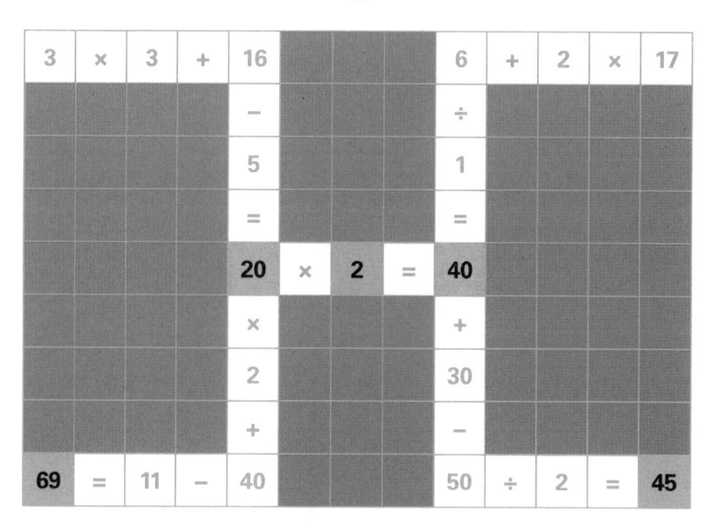

3	×	3	+	16				6	+	2	×	17
				−				÷				
				5				1				
				=				=				
				20	×	**2**	=	**40**				
				×				+				
				2				30				
				+				−				
69	=	11	−	40				50	÷	2	=	**45**

69+20+2+40+45=176

정답 : **176**

정답

6 단계

3

15	×	15	÷	5				8	÷	16	×	26
				−				−				
				3				22				
				=				=				
				42	−	12	=	30				
				×				+				
				0.5				3				
				+				×				
53	=	11	+	21				33	−	53	=	76

53+42+12+30+76=213 정답 : **213**

4

7	×	3	+	3				1.2	×	5	×	5
				×				+				
				3				6				
				=				=				
				30	×	1.2	=	36				
				×				+				
				2				4				
				×				−				
50	=	14	+	0.6				120	÷	4	=	10

50+30+1.2+36+10=127.2 정답 : **127.2**

5

11	×	11	−	11				27	−	3	×	19
				−				+				
				80				3				
				=				=				
				30	+	**3**	=	**33**				
				×				×				
				5				2				
				÷				÷				
45	=	5	−	3				6	−	5	=	**6**

45+30+3+33+6=117 정답 : **117**

6

17	×	7	−	19				31	+	17	+	14
				−				+				
				91				19				
				=				=				
				9	×	**9**	=	**81**				
				×				×				
				3				2				
				×				−				
63	=	3	÷	7				12	−	50	=	**100**

63+9+9+81+100=262 정답 : **262**

6 단계

7

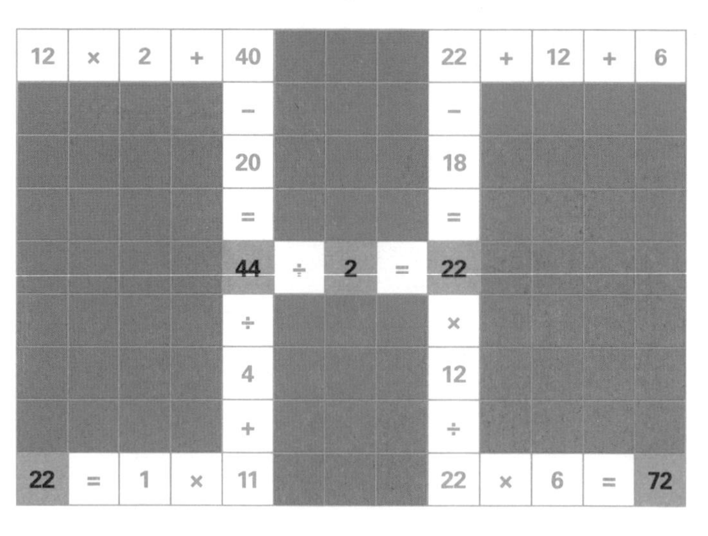

12	×	2	+	40				22	+	12	+	6
				−				−				
				20				18				
				=				=				
				44	÷	2	=	22				
				÷				×				
				4				12				
				+				÷				
22	=	1	×	11				22	×	6	=	72

22+44+2+22+72=162

정답 : **162**

8

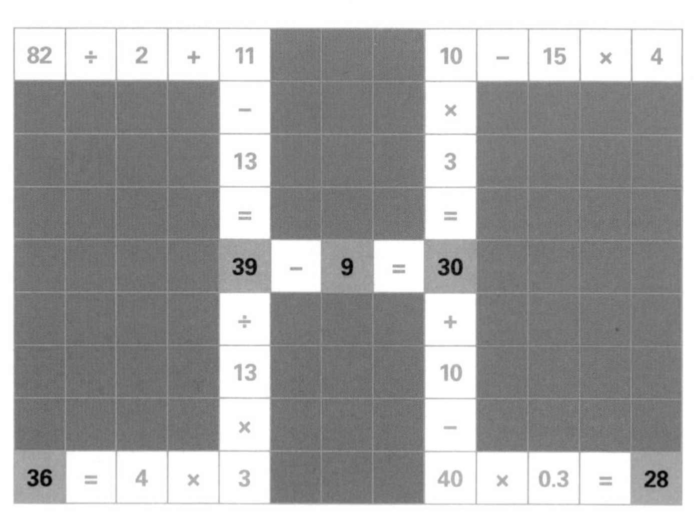

82	÷	2	+	11				10	−	15	×	4
				−				×				
				13				3				
				=				=				
				39	−	9	=	30				
				÷				+				
				13				10				
				×				−				
36	=	4	×	3				40	×	0.3	=	28

36+39+9+30+28=142

정답 : **142**

6 단계

9

5	+	5	+	25				12	÷	6	×	6
				×				+				
				1.6				17				
				=				=				
				50	×	**0.4**	=	**20**				
				+				×				
				5				4				
				−				−				
50	=	11	÷	55				24	×	2	=	**32**

50+50+0.4+20+32=152.4　　정답 : **152.4**

10

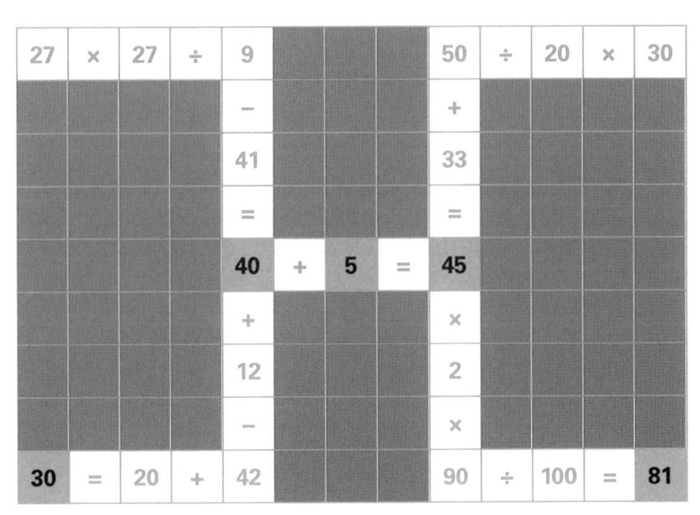

27	×	27	÷	9				50	÷	20	×	30
				−				+				
				41				33				
				=				=				
				40	+	**5**	=	**45**				
				+				×				
				12				2				
				−				×				
30	=	20	+	42				90	÷	100	=	**81**

30+40+5+45+81=201　　정답 : **201**

7 단계

1

3												5
×												÷
3												0.1
×												+
9	−	1	−	8				21	−	0.1	×	50
				×				×				
				9				2				
				=				=				
				8	+	5	=	13				
				+				+				
				8				108				
				+				+				
6	−	13	+	16				11	−	120	+	1
×												×
6												1
=												=
9												13

9+8+5+13+13=48

정답 : **48**

7 단계

2

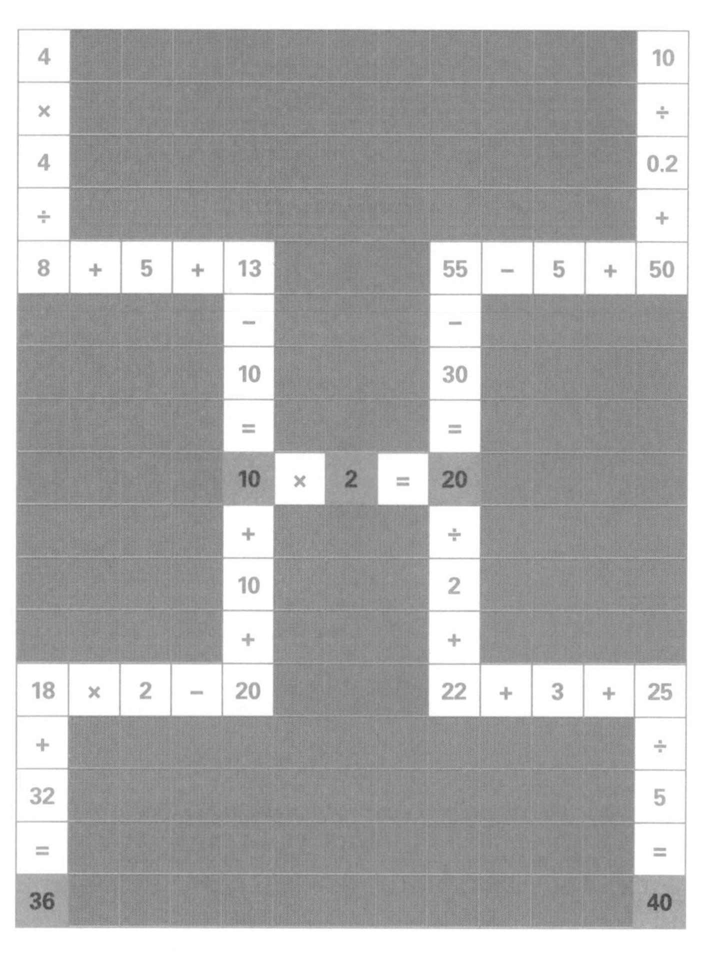

36+10+2+20+40=108

정답 : **108**

3

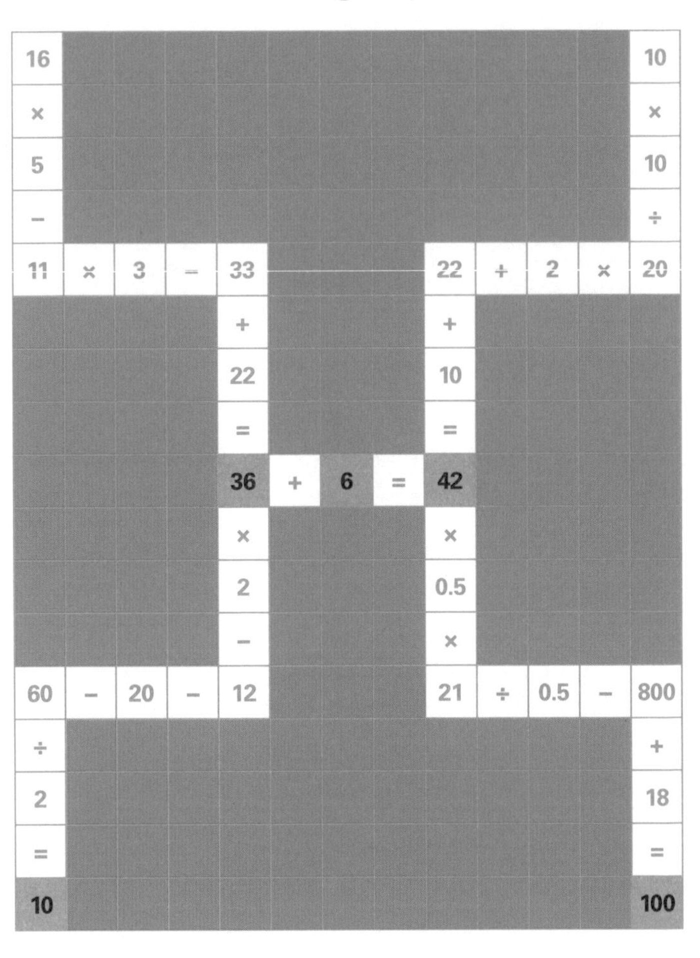

10+36+6+42+100=194

정답 : **194**

7 단계

4

17												9
×												×
7												9
−												÷
24	×	2	−	58				1	×	2	×	3
				+				−				
				37				9				
				=				=				
				50	−	**5**	=	**45**				
				×				÷				
				5				9				
				−				×				
53	−	20	−	55				5	×	5	−	10
−												×
63												1.5
=												=
59												**110**

59+50+5+45+110=269

정답 : **269**

정답

5

5												5
×												×
5												5
+												+
25	×	3	−	10				5	−	10	×	10
				×				×				
				3				5				
				=				=				
				70	÷	0.7	=	100				
				×				÷				
				7				10				
				÷				×				
21	−	11	+	5				90	×	0.3	÷	27
−												×
8												5.4
=												=
80												54

80+70+0.7+100+54=304.7 정답 : **304.7**

6

15												5
×												×
4												2
−												×
9	+	27	−	36				5	+	5	÷	10
				+				×				
				7				3				
				=				=				
				49	−	**14**	=	**35**				
				×				+				
				6				7				
				−				+				
11	−	110	−	55				12	×	12	−	34
×												×
7												4
=												=
52												**50**

52+49+14+35+50=200 정답 : **200**

7 단계

7

11												3
×												×
15												4
−												×
55	+	10	−	65				16	−	3	÷	8
				+				+				
				17				8				
				=				=				
				72	÷	**3**	=	**24**				
				÷				×				
				12				2				
				×				+				
9	−	6	+	6				48	÷	4	+	12
×												×
2												7
=												=
24												**144**

24+72+3+24+144=267

정답 : **267**

8

15												3
×												×
5												6
×												×
3	−	5	×	31				31	+	12	÷	8
				−				+				
				17				18				
				=				=				
				53	+	**8**	=	**61**				
				+				×				
				16				12				
				−				÷				
60	+	1	+	59				6	−	72	−	50
×												×
0.6												0.5
=												=
47												**25**

47+53+8+61+25=194　　　정답 : **194**

정답

9

9												17
×												+
11												17
−												−
10	×	5	−	16				30	÷	4	−	4
				÷				−				
				4				47				
				=				=				
				45	×	0.2	=	9				
				×				×				
				5				9				
				−				×				
55	−	5	+	50				18	×	0.5	−	790
÷												×
11												0.9
=												=
175												18

175+45+0.2+9+18=247.2

정답 : **247.2**

10

8												9
×												×
3												11
+												−
16	×	3	−	4				3	+	6	×	10
				×				×				
				3				9				
				=				=				
				60	+	6	=	66				
				×				+				
				6				9				
				−				−				
13	−	22	÷	66				7	−	5	−	70
×												÷
3												7
=												=
318												53

318+60+6+66+53=503 정답 : **503**

8 단계

1

1	+	3	+	6	=	10
+		+		+		
2	+	4	+	7	=	13
+		+		+		
9	+	5	+	8	=	22
=		=		=		
12		12		21		

2

1	+	2	+	3	=	6
+		+		+		
7	+	8	+	9	=	24
+		+		+		
4	+	5	+	6	=	15
=		=		=		
12		15		18		

3

2	+	4	+	3	=	9
+		+		+		
9	+	1	+	8	=	18
+		+		+		
5	+	6	+	7	=	18
=		=		=		
16		11		18		

4

9	+	7	+	8	=	24
+		+		+		
3	+	5	+	6	=	14
+		+		+		
4	+	2	+	1	=	7
=		=		=		
16		14		15		

5

8	+	4	+	1	=	13
+		+		+		
7	+	9	+	2	=	18
+		+		+		
6	+	3	+	5	=	14
=		=		=		
21		16		8		

6

7	+	5	+	4	=	16
+		+		+		
3	+	2	+	9	=	14
+		+		+		
6	+	1	+	8	=	15
=		=		=		
16		8		21		

8 단계

7

6	+	5	+	9	=	20
+		+		+		
7	+	2	+	3	=	12
+		+		+		
1	+	4	+	8	=	13
=		=		=		
14		11		20		

8

5	+	4	+	6	=	15
+		+		+		
9	+	3	+	7	=	19
+		+		+		
1	+	2	+	8	=	11
=		=		=		
15		9		21		

9

4	+	3	+	9	=	16
+		+		+		
2	+	7	+	1	=	10
+		+		+		
5	+	6	+	8	=	19
=		=		=		
11		16		18		

10

3	+	2	+	6	=	11
+		+		+		
4	+	5	+	8	=	17
+		+		+		
9	+	7	+	1	=	17
=		=		=		
16		14		15		

11

4	+	5	+	7	=	16
+		+		+		
2	+	8	+	9	=	19
+		+		+		
3	+	1	+	6	=	10
=		=		=		
9		14		22		

12

2	+	9	+	1	=	12
+		+		+		
5	+	6	+	8	=	19
+		+		+		
3	+	4	+	7	=	14
=		=		=		
10		19		16		

9 단계

1

1	×	3	×	6	=	18
×		×		×		
2	×	4	×	7	=	56
×		×		×		
9	×	5	×	8	=	360
=		=		=		
18		60		336		

2

2	×	1	×	3	=	6
×		×		×		
7	×	9	×	8	=	504
×		×		×		
4	×	5	×	6	=	120
=		=		=		
56		45		144		

3

2	×	4	×	3	=	24
×		×		×		
9	×	1	×	8	=	72
×		×		×		
5	×	6	×	7	=	210
=		=		=		
90		24		168		

4

9	×	7	×	8	=	504
×		×		×		
3	×	6	×	5	=	90
×		×		×		
4	×	2	×	1	=	8
=		=		=		
108		84		40		

5

8	×	4	×	1	=	32
×		×		×		
7	×	9	×	2	=	126
×		×		×		
5	×	6	×	3	=	90
=		=		=		
280		216		6		

6

7	×	5	×	4	=	140
×		×		×		
9	×	2	×	3	=	54
×		×		×		
6	×	1	×	8	=	48
=		=		=		
378		10		96		

9 단계

7

6	×	5	×	9	=	270
×		×		×		
7	×	3	×	2	=	42
×		×		×		
4	×	1	×	8	=	32
=		=		=		
168		15		144		

8

5	×	4	×	6	=	120
×		×		×		
9	×	7	×	3	=	189
×		×		×		
1	×	8	×	2	=	16
=		=		=		
45		224		36		

9

4	×	3	×	9	=	108
×		×		×		
2	×	7	×	1	=	14
×		×		×		
6	×	8	×	5	=	240
=		=		=		
48		168		45		

10

3	×	2	×	6	=	36
×		×		×		
8	×	4	×	5	=	160
×		×		×		
9	×	7	×	1	=	63
=		=		=		
216		56		30		

11

4	×	5	×	9	=	180
×		×		×		
2	×	8	×	7	=	112
×		×		×		
1	×	3	×	6	=	18
=		=		=		
8		120		378		

12

2	×	1	×	9	=	18
×		×		×		
5	×	8	×	6	=	240
×		×		×		
3	×	7	×	4	=	84
=		=		=		
30		56		216		

단한권의책 도서목록

캘리그라피

캘리그라피 쉽게 배우기
박효지 | 18,000

따라 쓰며 쉽게 배우는 캘리그라피
박효지 | 18,000

지그펜으로 쉽게 배우는 영문 캘리그라피
아다와라 마키코 | 13,000

실전 캘리그라피 : 파이널 레슨북
박효지 | 20,000

당신의 손글씨로 들려주고 싶은 말 : 핑크 에디션
박효지 | 12,500

문학

이솝우화 : 재미와 교훈이 있는 113가지 지혜
이솝 | 12,000

샤를 페로 고전동화집 : 온 가족이 함께 읽는
샤를 페로 | 12,500

젊은 베르테르의 슬픔 : 블랙 에디션
요한 볼프강 폰 괴테 | 13,000

피터 래빗 이야기 : 마음이 따뜻해지는 가족 동화집
베아트릭스 포터 | 13,000

피터 래빗의 친구들 : 사랑스러운 가족 동화집
베아트릭스 포터 | 13,500

어린왕자★별
생텍쥐페리/알퐁스 도데 | 12,800

빨간 머리 앤
루시 모드 몽고메리 | 14,000

이상한 나라의 앨리스
루이스 캐럴 | 13,000

개떡 아빠
김세호 | 13,500

거울 나라의 앨리스
루이스 캐럴 | 13,500

예술

귀욤귀욤 볼펜 일러스트
아베 치카코 외 | 12,500

1116 손그림 다이제스트
이요안나 | 18,000

쓱쓱싹싹 쉽게 그려지는 러블리 패턴북
박지영 | 13,500

내 손으로 완성하는 컬러링 미니어처 Castle
이요안나 | 13,500

꼼질꼼질 초간단 동화 일러스트
구예주 | 12,500

바비인형 따라그리기
박지영 | 14,000

취미/실용

천연세제 활용법
세계문화사 편집부 | 12,000

자투리 천으로 쉽게 만드는 미니어처
부티크사 | 13,500

115 베이직 종이접기
니와 다이코/미야모토 마리코 | 13,000

망고네 강아지 밥상
박은정 | 13,000

미니북

미니 피터 래빗 이야기
베아트릭스 포터 | 6,000

미니 피터 래빗의 친구들
베아트릭스 포터 | 6,000

미니 피터 래빗의 친구들2
베아트릭스 포터 | 5,000

미니 피터 래빗 이야기 세트
베아트릭스 포터 | 17,000

미니 빨간 머리 앤 : 우리들의 영원한 친구
루시 모드 몽고메리 | 7,000

미니 이상한 나라의 앨리스
루이스 캐럴 | 6,500

미니 어린 왕자
생 텍쥐페리 | 6,000